AF461546

ÉTAT AGRICOLE

DE LA GIRONDE,

OU

EXAMEN GÉNÉRAL

DES PROGRÈS RÉALISÉS PAR L'AGRICULTURE DE CE DÉPARTEMENT, PENDANT LA 5me PÉRIODE DÉCENNALE DU XIX.e SIÈCLE;

PRÉSENTÉ A M. LE PRÉFET ET A MM. LES MEMBRES DU CONSEIL GÉNÉRAL,

Par le Professeur du Cours d'agriculture de Bordeaux, chargé de l'inspection agricole du département, etc...

EN 1851.

« La marche des progrès en agriculture est lente » et elle doit l'être : la sagesse et la prudence veu- » lent qu'on ne dévie des usages consacrés par le » temps, que lorsque les nouveaux ont reçu la » sanction de l'expérience ».

(CHAPTAL).

MESSIEURS,

Dans votre session de 1850, et conformément à la demande que vous nous en aviez faite, nous eûmes l'honneur de vous présenter un *Tableau général de l'agriculture et de ses moyens de progrès dans le département de la Gironde* (1). Aujourd'hui, aussi bien pour compléter ce premier travail que pour nous conformer encore au désir exprimé dans votre séance du 13 Septembre

(1) *Procès-verbaux des délibérations du Conseil Général*, session de 1849, p. 570.

1849 (1), nous offrons à votre judicieuse appréciation un *État agricole de la Gironde, ou Examen des progrès réalisés par l'agriculture de ce département, pendant la cinquième période décennale du XIX.e siècle.*

A part le mérite susceptible de ressortir de son exécution et qu'il ne nous appartient pas d'apprécier, il n'est pas douteux, Messieurs, qu'un tel travail ne puisse présenter de l'intérêt et qu'il ne puisse être accueilli par vous avec bienveillance.

Une des divisions essentielles de l'œuvre de patriotisme et de dévouement qui vous est dévolue porte sur l'agriculture, et c'est à vous ou à vos prédécesseurs que l'on doit la plus grande partie des institutions et des mesures dont nous essayons aujourd'hui d'apprécier les résultats.

Comme document pouvant servir plus tard à écrire l'histoire de l'agriculture dans la Gironde, vous reconnaîtrez également tout ce que pourrait avoir d'avantageux une telle manière de procéder, si on y avait eu recours plus tôt, et s'il arrivait qu'elle dût être continuée par la suite. En ce genre, un grand exemple peut être cité, c'est le résumé et l'appréciation des progrès réalisés par la science chimique que publiait, au bout de certaines périodes, l'illustre Berzélius. Sans nul doute, ce résumé a considérablement contribué au développement et à la propagation de la science dont il s'agit, à l'application de ses principes aux arts utiles et particulièrement à l'agriculture.

Avant d'entrer directement dans le sujet que nous voulons traiter, il est un point essentiel sur lequel on nous permettra de nous arrêter un instant, et cela avec d'autant plus de raison que, sans ces explications préa-

(1) Voir l'*Agriculture*, 1850, p. 289.

lables, quelques parties de notre travail, peut-être, pourraient ne pas être bien comprises : on nous permettra de dire ce que nous entendons, agricolement parlant, par le mot *progrès !*

Pour beaucoup de propriétaires ruraux, et l'on remarquera que nous ne substituerions pas ici le mot agriculteur au mot propriétaire ; pour beaucoup d'hommes qui ont la faiblesse de se croire agriculteurs, même cultivateurs, parce qu'ils possèdent, quelquefois depuis la veille, une propriété rurale, il n'y a progrès, dans l'art de cultiver la terre, qu'alors que tout ce qui était admis dans la localité où l'on se trouve a été réformé ; qu'alors que tout ce qui s'était fait jusque-là a été remplacé par autre chose. Cette manière de procéder, également funeste à l'exploitant qu'elle ruine et à l'agriculture qu'elle discrédite, est ordinairement qualifiée du nom pompeux d'*agriculture perfectionnée.* « Or, dans ces circonstances, dit Matthieu de Dombasle avec la supériorité d'esprit qui le distingue, si l'on se persuade que pour toute personne et dans la première ferme venue, il suffit, pour tirer de grands profits de la culture, d'abandonner ce qu'on appelle dédaigneusement les voies de la routine, d'adopter un assolement nouveau et des pratiques vantées dans les meilleurs traités agricoles, on se livre à la plus funeste erreur ; car, en prenant une route nouvelle, on en choisit peut-être une qui ne vaut pas même l'ancienne, relativement aux circonstances spéciales dans lesquelles se trouve le domaine ; et si la route, que l'on choisit est réellement bonne, on ne se sera peut-être pas ménagé les moyens de pouvoir la suivre pendant un temps suffisant pour atteindre au but où elle doit conduire (1) ».

D'autres, plus conséquents peut-être, mais la plupart

---

(1) *Annales de Roville*, Tom 8, pag. 58.

du temps tout aussi peu raisonnables, se figurent bien également que tout doit être changé; mais leur prétention est d'obtenir des expériences et des essais, les nouvelles règles à suivre.

A ceux-là il faut demander d'abord : mais savez-vous faire des expériences et des essais; savez-vous observer, avez-vous pour cela les connaissances théoriques et pratiques requises?

S'il faut s'en rapporter aux explications qui nous ont été données des faits mythologiques, Protée serait l'emblême de la nature que l'on interroge, que l'on soumet à l'expérimentation pour en connaître les lois et les secrets et certes on voit, aux efforts que fait ce personnage pour éviter de répondre; aux ruses, aux artifices qu'il emploie, combien il est difficile de le vaincre; combien peu d'hommes peuvent se vanter d'un tel succès. Certes qu'on le sache bien, le Protée de l'agriculture n'est pas plus facile à réduire que celui des autres sciences naturelles.

Ici deux observations également importantes doivent être faites : l'une relativement à la valeur des usages locaux; l'autre relativement à ce que l'on peut raisonnablement attendre, au temps où nous sommes parvenus, des expériences et des essais comme propres à indiquer la voie agricole qui serait encore à découvrir.

Dans quel pays que l'on se trouve, il y a, ou il y a eu toujours, au fond de toute méthode, de toute pratique, de tout usage agricole, une raison d'être. Rien dans cet art, essentiellement observateur, essentiellement logique et d'ailleurs aussi ancien que le monde, n'est l'effet du caprice ou du hasard. Loin de là, ce qui se fait est commandé : ou par la terre, dont la nature change si fréquemment : ou par le climat, qui certes n'a pas plus de fixité : ou par les besoins particuliers des populations, si divers et si variés.

Avant donc de condamner une méthode, une pratique, un usage, la première chose à faire c'est de rechercher les motifs qui ont pu les faire établir ; c'est de se rendre compte de leur raison d'être.

En procédant ainsi, avec les connaissances et la bonne foi nécessaires en pareil cas, on arrive bientôt à reconnaître que s'il est des méthodes que l'on peut modifier, changer même, parce que le temps lui-même a modifié leur raison d'être, il en est beaucoup d'autres au contraire qu'il faut respecter, parce qu'elles n'ont pas cessé d'être l'expression directe des circonstances sous l'influence desquelles elles furent adoptées : parce qu'elles se lient d'une manière intime avec un ensemble qu'il ne serait pas possible encore de remplacer. On arrive à reconnaître cette grande vérité, qu'il n'y a pas en agriculture, pas plus qu'en médecine, de système absolu et que ce qui fait les systèmes, ce sont les circonstances locales.

Pénétré de ces principes, également proclamés par les anciens et par les modernes, nous avouerons que, pour ce qui nous regarde, c'est avant tout avec une sorte de respect que nous examinons les usages locaux : même ceux qui paraissent au premier abord les plus singuliers et les plus déraisonnables. Et que, s'il nous arrive de les condamner, ce n'est qu'après nous être bien assuré : ou qu'ils sont sans fondement, ce qui est bien rare : ou que le temps, les progrès des sciences, les besoins nouveaux exigent leur changement, ce qui n'est pas non plus aussi commun qu'on pourrait le croire (1).

A cet égard, nous pourrions citer une foule d'exemples, pris dans notre localité et qui nous ont surabon-

(1) Voici, sur ce même sujet, des paroles de M. de Gasparin que nous citerons avec d'autant plus de satisfaction, qu'elles n'ont de nouveau fixé notre attention qu'après avoir écrit ce qu'on vient de lire. « Il faut être très-prudent pour condamner en masse des pratiques

damment autorisé à agir ainsi : nous nous bornerons à un seul. Nous connaissons un propriétaire de l'Entre-deux-Mers, étranger à la contrée et que nous avions entendu souvent se plaindre de la *routine* qui portait ses ouvriers à faire, beaucoup trop tard selon lui, les semis de printemps. Or, il n'y a pas longtemps qu'il nous a été donné de l'entendre rétracter cette opinion, en reconnaissant qu'effectivement il y avait danger à confier trop tôt des graines à une terre essentiellement froide de sa nature et sous l'influence de printemps dont les commencements ne sont trop souvent, hélas, qu'une lutte malheureuse avec l'hiver qu'ils devraient remplacer.

Quand on réfléchit que l'agriculture est aussi ancienne que la civilisation, ou plutôt que c'est par l'agriculture que les hommes sont arrivés à la civilisation ; quand on réfléchit que cet art essentiellement utile, essentiellement indispensable, a toujours été exercé sous l'influence des deux causes les plus énergiques et les plus puissantes que l'on puisse donner aux progrès : la nécessité de vivre, point de vie possible sans les denrées que donne la terre : l'intérêt privé, toujours l'homme a cherché à obtenir de son travail le plus grand profit possible. Quand, disons-nous, on veut tenir compte de ces deux grands motifs de perfectionnement pour l'agriculture, de sa mise au niveau des besoins qu'elle devait satisfaire, on se demande comment il pourrait être vrai que, dans une localité déterminée, l'agriculture eût tellement erré, tellement dévié de la route qu'elle aurait dû suivre, qu'il pût être

---

» suivies par de nombreuses populations, et, avant de le faire, il faut » apprécier soigneusement toutes les circonstances qui les retenaient » loin du mieux absolu et les forçaient à se contenter du mieux relatif ».

On comprendra que ce ne peut pas être sans une vive satisfaction, que l'on reconnait s'être si bien rencontré en unité de vue avec un esprit aussi supérieur, un agronome aussi instruit.

nécessaire d'employer de nouveau les expériences et les essais, pour la remettre dans la bonne voie.

Non, cela n'est pas possible, pas plus pour le Midi que pour le Nord : les lois de la nature aussi bien que celles qui sont particulières à l'humanité, condamnent également une telle supposition.

Et, pour ce qui nous regarde, nous habitants du Midi, ce n'est pas parce que, parmi nous, les choses se seraient passées de la sorte; parce qu'un fait inadmissible se serait produit, que notre agriculture ne ressemblerait pas à celle du Nord et que l'on pourrait être autorisé à la dire plus arriérée. Notre agriculture, c'est celle que portèrent les Romains dans la Gaule, en même temps que les franchises municipales, et qu'ils tenaient eux-mêmes de peuples plus anciens et plus avancés vers l'Orient; c'est celle qu'avouent nos terres, notre climat, nos besoins particuliers; c'est celle qui a toujours dû conserver, dans son origine et dans ses améliorations successives, une différence tellement facile à saisir, que jamais il ne put être possible, ni de la confondre avec l'autre, ni de lui appliquer, sans tempérament, sans modifications plus ou moins sensibles, les mêmes moyens d'amélioration.

Ainsi, nous pouvons dire que le progrès en agriculture n'a jamais consisté : ni dans la condamnation radicale de tout ce qui est, de tout ce qui se fait : ni dans la substitution à tout cela, soit de ce qui se pratique ailleurs, soit de ce que l'on a pu trouver dans les livres et quelquefois même dans son imagination.

Nous pouvons dire que le progrès, en tant que changement radical, ne peut être obtenu d'expériences et d'essais, pour lesquels on manque presque toujours et des connaissances et du temps nécessaires.

Nous pouvons dire que le progrès est cet ensemble d'actes qui fait, qu'après avoir constaté l'origine et la valeur de ce qui existait déjà, on a ajouté plus ou moins à cette valeur, dans les limites et avec les conditions des exigences diverses au milieu desquelles on se trouve placé. Qui fait que pour les mêmes avances, en intelligence, en force, en temps, en argent, on a eu selon le cas, ou plus de quantité, ou plus de qualité. Qui fait enfin que l'on a eu plus de profit ; car, considérée comme but utile de l'emploi de tous ces moyens, l'agriculture, comme le dit encore Matthieu de Dombasle, c'est le profit.

Nous pouvons dire enfin que, si le progrès est une loi de l'humanité, s'il est du devoir de l'agriculteur d'observer cette loi, cela doit être dans des conditions et dans des limites telles que jamais, pour vouloir être de son temps, il puisse un seul instant cesser d'être de son pays !

PREMIÈRE PARTIE.

PROGRÈS DUS A LA PROPAGATION DE L'ESPRIT AGRICOLE.

Il faut entendre par *esprit agricole*, cette disposition de l'opinion publique, essentiellement variable de pays à pays et d'époque à époque, qui fait que par réflexion ou par entraînement, on reconnaît plus d'importance, on accorde plus d'estime, aux travaux ruraux; on montre plus d'empressement à s'y consacrer, selon la position sociale dans laquelle on se trouve : soit comme pouvant y apporter le savoir et l'intelligence, réclamés par leur direction : soit comme pouvant y apporter le travail et la force, réclamés par leur accomplissement immédiat.

Les causes déterminantes des progrès ou des retards de cet esprit, sont d'abord les évènements sociaux et l'influence qu'ils exerçent sur la manière de voir et de penser des populations; puis ensuite les institutions, les mesures prises par l'autorité, en vue de répondre à cette manière de voir et de penser, en vue de la favoriser.

Or, il résulte des renseignements de l'histoire, que ce sont principalement les malheurs et les incertitudes des temps qui concilient à l'agriculture le plus grand nombre de partisans; de même aussi que c'est à ces mêmes causes qu'il faut attribuer le retour des populations vers le sentiment religieux. On dirait que Dieu ne châtie les hommes que pour leur rappeler quelles sont les bases les plus essentielles de leur bonheur en ce monde : l'observation de ses lois, le travail de la terre.

Ne sont-ce pas les discordes civiles qui fixèrent Olivier de Serres dans les champs et lui procurèrent l'occasion d'écrire son immortel *Théâtre d'Agriculture ?* « Mon inclination, nous dit-il, et l'estat de mes affaires, m'ont retenu aux champs, en ma maison, et fait passer une bonne partie de mes meilleurs ans, durant les guerres civiles de ce royaume cultivant ma terre par mes serviteurs, comme le temps l'a pu porter ».

De nos jours et depuis le commencement du siècle dans lequel nous vivons, c'est aussi aux évènements politiques, aux changements nombreux dont nous avons été les témoins, qu'il faut principalement attribuer, non-seulement le séjour dans les champs d'une foule d'hommes qui s'en étaient éloignés d'abord, qui y ont porté des connaissances très précieuses et des capitaux non moins utiles ; mais aussi les dispositions de plus en plus bienveillantes de l'opinion publique en faveur de l'agriculture; mais aussi les progrès incontestables que ne cesse de faire l'esprit agricole.

N'avons-nous pas vu naguères, et comme première manifestation des faits que nous signalons, notre terre de France travaillée par les mêmes hommes qui avaient porté jusqu'aux confins de l'Europe la gloire de notre nation et tressaillir, comme jadis la terre de l'antique Italie, sous l'action du fer qui avait gagné des batailles !

Voilà les premières causes des tendances marquées de notre époque en faveur de l'agriculture ; voilà principalement ce qui a de nouveau donné des hôtes aux châteaux que le temps était en train de détruire, aux habitations bourgeoises qui menaçaient également de tomber en ruine ; voilà ce qui a porté de nouveau l'activité et l'émulation dans les champs, ce qui a ranimé l'agriculture, ce qui lui a redonné de l'action et de la vie.

Mais à côté de ce mouvement marqué vers un but aussi avantageux pour le présent de la société, aussi rassurant pour son avenir, nous sommes obligé d'en constater un autre qui semble lui être opposé et dont la persistance, si non l'énergie, est de nature à ralentir très-sensiblement le premier. Nous voulons parler des effets malheureux du préjugé qui fait que les travailleurs de terre veulent absolument voir, dans l'instruction qui leur est départie avec tant de libéralité, non un moyen de perfectionner leur art, de le rendre plus certain, plus profitable ; mais un moyen de l'abandonner, un encouragement à cet abandon (1).

Certes, cette double tendance des idées ; ces deux directions si différentes dans une même société, à une même époque, n'est pas le sujet le moins digne de fixer l'attention des administrateurs. Il nous semble voir une foule qui s'était portée avec empressement vers un lieu où peu de personnes ont pu pénétrer ; la partie la plus avancée de cette foule revient sur ses pas, épuisée par les efforts qu'elle a faits, desenchantée par ce qu'elle a vu, tandis

---

(1) Voir notre travail analogue de l'année dernière, p. 3.

que l'autre obéit encore avec la même énergie au mouvement primitif qui lui a été imprimé.

Évidemment l'exemple de ce mouvement est venu d'abord d'en haut, c'est la tête qui l'a donné. C'est la portion de la société, initiée aux bienfaits d'une instruction supérieure, qui a fait croire, par ses actes et par ses démarches, qu'il pouvait être plus avantageux de chercher le bien-être dans les emplois publics, ou dans les professions urbaines, que de l'attendre du champ paternel. C'est elle qui la première a voulu se soustraire aux traditions de famille et appliquer, à toute autre chose qu'à l'agriculture, les avantages d'une instruction malheureusement, il faut le dire aussi, très peu en harmonie avec ce genre d'emploi.

Quoiqu'il en soit et par la force des choses, l'agriculture dispose aujourd'hui d'une plus prande portion de l'intelligence et du savoir qu'avaient semblé vouloir lui enlever en totalité les autres sciences, les arts libéraux ou mécaniques. On avoue, on recherche le titre d'agriculteur; on acquiert des terres par des motifs autres que celui de posséder; ces terres sont cultivées par leurs possesseurs, elles reçoivent la féconde influence de *l'œil du maître*; nos champs ne sont plus affligés de ce dédain, de cet éloignement qui leur était si préjudiciable et pour lequel nos voisins d'Outre-Manche, si connaisseurs en ces sortes de matières, avaient créé un mot : *l'absenteïsme*.

De son côté l'administration, tant supérieure que départementale, n'a pas reculé devant les sacrifices que nécessitait un appui actif et énergique prêté à l'agriculture, à l'esprit agricole. L'enseignement de la science et de l'art, à leurs différents degrés et sous leurs diverses formes; les concours publics et solennels d'animaux utiles ; les expositions des produits et des instruments et machines propres à les obtenir ; les associations diverses excitant, propageant et encourageant le progrès véritable; les récompenses qui s'adressent à l'intérêt, aussi bien que celles qui agissent sur le cœur, sur les passions nobles et généreuses qu'il renferme : tout a été mis en œuvre, tout a été appliqué avec un empressement et une libéralité qui ne pourront manquer plus tard de faire honneur à notre époque.

La Gironde a eu, dans cette grande manifestation du XIX.e siècle, la part qui devait lui revenir, la part qu'indiquaient l'étendue et l'importance agricole de ce beau département. Aussi est-il, sans contredit, un de ceux dans lesquels l'esprit agricole s'est le plus propagé, où il a donné le plus de preuves de son existence, où il a réalisé le plus de résultats avantageux. Dans cette belle partie de la France ; ce ne sont pas seulement les portions les plus fertiles et les plus gracieuses, les riches vallées de la Garonne et de la Dordogne, qui sont devenues le théâtre d'exploitations dirigées par les propriétaires, avec toutes les conditions de succès que peuvent assurer l'intérêt personnel joint aux connaissances et aux autres moyens nécessaires; ce ne sont pas seulement les portions habituées à produire les vins dont la réputation a dès longtemps rempli le monde, qui ont été appelées à jouir du même bienfait ; mais ce sont toutes les localités indistinctement et jusqu'aux plus pauvres et aux plus délaissées que nous voyons maintenant en possession de tels, avantages. On peut dire aujourd'hui que, dans la Gironde, il n'est pas de commune, qu'elle soit sur le cours de nos grandes rivières, sur les coteaux de l'Entre-deux-Mers, dans le Médoc et jusque dans les Landes, où l'on ne rencontre au moins une exploitation rurale, que la théorie et la pratique puissent également avouer; une exploitation capable de recommander le progrès véritable, le progrès qui encourage, le progrès qui profite, et d'en donner l'exemple.

DEUXIÈME PARTIE.

—

PROGRÈS DUS AUX AMÉLIORATIONS INTRODUITES DANS LA CULTURE PROPREMENT DITE.

On reconnaîtra facilement que nous ne pouvons ici faire une revue complète et détaillée de toutes les parties de l'agriculture qui ont pu être améliorées et qu'il est nécessaire, pour éviter des longueurs qui deviendraient fatiguantes, de comprendre ces détails dans des divisions principales au moyen desquelles il pourra être possible aussi de passer en revue tous les sujets sur lesquels devra porter notre appréciation.

§ I.

Améliorations introduites dans les travaux fonciers de la culture

L'agriculture, considérée comme un vaste atelier de travail, comprenant le territoire de la France tout entier, exige un grand nombre d'ouvriers pourvus, non-seulement des connaissances que comporte l'art, suivant les différentes divisions qu'il admet ; mais encore des qualités morales, des vertus générales et spéciales que l'on doit rencontrer chez tous les hommes avec qui l'on prend des engagements, qui s'assujettissent à une tâche, qui s'obligent à l'accomplissement d'un devoir déterminé.

Chaque jour nous entendons dire que les dispositions morales du personnel dont il s'agit, tendent à s'altérer et qu'il y en cela un grand obstacle au bien de l'agriculture.

Il n'est pas douteux effectivement que, sous ce rapport comme sous tant d'autres, il n'y ait eu de regrettables changements et que l'ensemble des progrès réalisés n'ait amené, sur quelques autres points, des pertes plus ou moins sensibles. Néanmoins et telles que sont les choses, on peut dire encore, avec autant de vérité que de satisfaction, que la population rurale reste en possession de la plus grande partie des avantages moraux qui la distinguèrent toujours et que réclament impérieusement les travaux, les soins dont elle s'acquitte, la confiance dont elle est l'objet. De nos jours, comme aux temps antiques, c'est là le glorieux privilège de l'exercice d'un art que Cicéron proclamait le plus honnête de tous.

Parmi les influences les plus propres à garantir cet état des choses, à y ajouter même de nouveaux avantages, deux surtout, doivent être citées : l'influence des maîtres, l'influence de la religion.

Dans l'admirable chapitre de son Théâtre d'agriculture intitulé : *De l'office du père de famille envers ses domestiques et voisins*, Olivier de Serres dit : « Le père de famille aimera aussi ses sujets, s'il en a, les chérissant comme ses enfants, pour en leur besoin les soulager de ses crédits et faveurs : même en cas de nécessité, du passage des gens de guerre et autres occurrences, les gardant de foules et surcharges, d'exaction indues et semblables violences, que les temps diversement produisent. Leur fera faire bonne justice par ses officiers, du département desquels s'enquerra souvent : ne souffrant jamais que sous ombre de justice, ni autre occasion, son nom et sa réputation soient aucunement souillés. Sera sévère punisseur des vices, à ce qu'extirpés de sa terse, Dieu y soit seul servi et honoré ».

Nous savons bien que l'autorité à laquelle fait allusion

l'illustre auteur, n'existe plus dans la forme qu'il indique; néanmoins il y a encore et il y aura toujours sans doute dans notre société, des hommes qui pourront tirer une certaine autorité de leur état de fortune, de leur instruction, de leurs relations, de la loyauté de leur caractère, de la dignité de leurs habitudes; eh bien, c'est cette autorité, c'est cet ascendant, que nous désirons toujours leur voir employer en faveur de l'agriculture, conformément aux prescriptions du vénérable Olivier de Serres. En agissant ainsi, en suivant sous ce rapport les nombreux et remarquables exemples qui sont donnés chaque jour dans notre département, ils serviront à la fois leur propre bien-être, celui de l'agriculture, et celui du pays tout entier : tous également intéressés à la propagation des principes qui font les honnêtes gens, les serviteurs probes et dévoués.

Quant à la religion, indépendamment de ses efforts incessants pour faire, des hommes en général, des sages sur la terre et des bienheureux dans le ciel, voici en particulier ce qu'elle dit à ceux d'ent'reux qui habitent les champs et qui ont souvent la faiblesse de se regarder comme exilés : « Que faut-il aux trois-quarts des hommes pour être heureux, si ce n'est de cultiver leurs champs tranquillement, et de se reposer sans inquiétude à la fin de leurs travaux ? »

N'oublions pas de mentionner l'excellent effet qu'ont produit, sous le rapport moral, dans les rangs des travailleurs agricoles, les concours publics et solennels si propres à mettre en mouvement les passions nobles et généreuses du cœur; les récompenses accordées aux longs services, à l'accomplissement rigoureux des devoirs et des obligations qui naissent de l'exploitation rurale. N'oublions pas de mentionner de nouveau, ce curieux procès qui conduisit naguère deux jeunes villageois devant un des juges de paix du département, pour savoir à qui resterait la médaille accordée à leur père décédé, par la Société d'Agriculture de Bordeaux.

§ II.

Améliorations introduites dans les travaux fonciers de la culture.

Il y a en agriculture deux sortes de travaux ou d'opérations. Les travaux que l'on peut qualifier de travaux de mise en œuvre, de travaux fonciers : en ce sens qu'il portent plus particulièrement sur le fond dont l'art a besoin pour l'application des procédés qu'il répète chaque année : en ce sens qu'ils ont pour but de garantir à ces procédés tout le succès, tout l'avantage qu'ils doivent avoir. Il y a aussi les travaux réguliers ou ordinaires que ramène chaque saison, qu'exige chaque culture, et qui ont pour but essentiel la réalisation plus ou moins immédiate du revenu que l'on a en vue, du profit que l'on cherche.

D'après cette distinction, on comprend que tous les travaux dont le vaste chantier agricole peut être le théâtre, ne doivent pas être placés sur le même rang et qu'il convient de ranger, parmi ceux que nous qualifions de travaux fonciers, tous ceux qui ont pour but de donner un sol, aux fonds, abstraction faite des moyens de réalisation de cette dernière, une valeur quelconque.

Quoique beaucoup moins nombreux que les autres, ces travaux néanmoins seraient encore de nature à nous entraîner dans d'assez longs détails, si nous voulions les énumérer tous et si nous ne prenions le parti de ne nous occuper que des principaux. Nous bornerons donc notre examen aux suivants.

A. *Transports de terres, nivellements, etc...* S'il était encore nécessaire de prouver combien les travaux rustiques étaient dans les vues de la nature, dans les prévisions du Créateur, on pourrait tirer, en faveur de ces vérités, un nouvel et puissant argument des avantages marqués qui résultent toujours, pour la culture, du simple déplacement de la terre. Cette circonstance, connue de tous les praticiens, on pourrait la citer comme preuve, en quelque sorte, de la satisfaction qu'éprouve la terre à se voir l'objet des travaux et des sollicitudes de l'homme : comme preuve du désir qu'elle a de se montrer reconnaissante aux avances qu'on lui fait : *La terre n'est pas ingrate.* Dans la Gironde, ces faits sont d'autant plus faciles à comprendre, que les soins de ce département se portent plus spécialement vers une plante, la vigne, pour laquelle l'application d'une terre nouvelle, quelle que soit d'ailleurs ses principes et ses qualités, est toujours un gage de prospérité.

Indépendamment de ce premier avantage, c'est aussi en déplaçant la terre, en la transportant d'un point sur un autre, que l'on donne aux champs les reliefs qu'ils doivent avoir ; que l'on ajoute aux conditions de leur bonne culture ; qu'on les met à l'abri notamment des torts graves que peuvent leur causer une trop grande disette ou une trop grande abondance d'eau.

Tous ces avantages également démontrés par la théorie et par la pratique, ont déterminé dans la Gironde, des travaux importants et remarquables. C'est ainsi que, dans les parties accidentées de ce département, on a remédié aux dispositions désavantageuses de grand nombre de champs ; c'est ainsi que, partout ailleurs, on a cherché à corriger les inconvénients qui résultaient, pour la plupart d'entr'eux, de labours longtemps exécutés dans le même sens et avec des charrues qui ne retournent pas la terre, mais qui la refoulent vers ses deux extrémités. C'est ainsi surtout que, dans certaines localités, comme à Hure notamment, par des transports de terre qui remontent à près d'un siècle et exécutés sur une échelle qui rappelle les entreprises des Romains, on est parvenu à rendre fertiles des sols extrêmement médiocres : ou mieux, à remplacer ces sols par d'autres complètement nouveaux et tout-à-fait avantageux à la culture (1).

Plusieurs tentatives ont été faites pour introduire dans les transports de terre toute la simplicité et toute l'économie désirables. Sans parler du tombereau Palissard, invention que nous vîmes fonctionner à Bordeaux il y a quelques années, nous pouvons mentionner des perfectionnements plus ou moins heureux apportés aux tombereaux à bras ou à cheval, aux brouettes, aux civières, etc.... Nous pouvons parler aussi d'une ravale fort simple et fort énergique introduite par M. Hallié, dans le département.

B. *Amendements.* Ainsi que nous l'avons dit souvent, le département de la Gironde, grâce à son mode de formation géologique *(la formation tertiaire)*, a le double avantage d'offrir à la culture, les matériaux les plus précieux, comme amendements : marnes, faluns, argiles, sables, etc... et de lui offrir aussi, dans ses vallées, dans ses alluvions, l'exemple du mélange le plus heureux de tous ces matériaux, fait par les mains puissantes et libérales de la nature. D'après de pareils faits, on a dû être étonné de voir cependant que l'emploi des amendements soit resté longtemps, parmi nous, sans exemple de quelque importance et qu'aujourd'hui encore, malgré des applications en ce genre de plus en plus nombreuses, il soit possible de reconnaître néanmoins qu'on est loin

---

(1) *L'Agriculture*, 1851, p. 41-59.

de tirer de ces ressources naturelles, tout le parti avantageux qu'elles peuvent offrir.

Il est vrai que, sous ce rapport, les démonstrations capables de convaincre exigent beaucoup de temps ; que les frais à faire sont toujours relativement assez considérables, et surtout ,que les connaissances théoriques impérieusement réclamées par ce genre de travail, sont très peu répandues.

Qu'on nous permette de le dire ici : c'est quelque chose de véritablement affligeant, d'humiliant pour notre siècle et pour notre pays, que ce défaut des connaissances les plus élémentaires de l'art agricole, que cette ignorance presque générale de la nature des éléments constituant le sol arable, des lois d'après lesquelles ces éléments s'associent et des conséquences pratiques qui peuvent résulter de cette association. Aussi, comme le faisait il y a trois siècles, le vénérable Bernard Palissy, notre compatriote, est-il encore permis de *s'esmerveiller que la terre et natures produites en icelle, ne crient vengeance contre certains meurtrisseurs, ignorants, et ingrats, qui journellement ne font que gaster et dissiper les arbres et plantes, sans aucune considération !*

Les marnes en si grand nombre et de qualités si diverses que renferme notre département ont trouvé, de loin en loin, quelques hommes qui ont su en faire une heureuse et profitable application. Dans la contrée de l'Entre-deux-Mers, nous pouvons particulièrement signaler, comme ayant été l'objet, sous ce rapport, des encouragements de la Société d'Agriculture de la Gironde, M. Chédez, propriétaire à Saint-Caprais, canton de Créon et le vieillard Jean Lapeyre, de Saint-Ferme, canton de Pellegrue, arrondissement de La Réole (1). A l'égard de ce dernier,

(1) Nous sommes heureux de pouvoir consigner ici que c'est sur notre initiative que ces deux récompenses furent accordées, et que la

nous rappellerons ce fait extrêmement remarquable et déjà signalé par nous, qu'il sut, par le seul secours de son observation et de son expérience, arriver à la connaissance et à l'application des règles les plus rigoureuses, prescrites en cette matière par la théorie.

Sur la rive gauche du fleuve, non moins favorisée que la rive droite, sous le rapport dont il s'agit, nous ne pouvons trouver des exemples aussi remarquables. Cependant il est quelques faits isolés que nous pourrions citer et notamment celui du *bois d'Artigues*, commune de Pauillac. Là, depuis environ dix ans, des masses considérables d'une terre plus ou moins marneuses, ont été enlevées pour venir au secours des vignes des environs; pour leur assurer l'élément calcaire, si rare dans les sols que la pratique qualifie des noms de *graves* ou de *sables*. M. de Chauvet, maire de Pauillac, est un de ceux qui ont le plus usé de cette précieuse ressource, offerte par la nature.

Mais la contrée qui devrait devenir plus particulièrement l'objet de telles tentatives, partout où il serait possible d'y recourir, c'est la contrée des Landes. Nous ne saurions trop citer à cet égard ce que nous avons vu dans une autre contrée tout-à-fait analogue, dans la Sologne; nous ne saurions trop répéter que ce pays sablonneux, sec, aride, à surface horizontale, à sous-sol imperméable, s'est vu transformé, foncièrement amélioré, par l'application de marnes extraites : soit de carrières souvent extrêmement éloignées du lieu de l'application : soit de puits d'une grande profondeur spécialement creusés pour cet objet. (1).

---

dernière, celle de Lapeyre, fut suivie d'une médaille d'or accordée directement, par le Ministre de l'Agriculture, à ce vénérable lauréat (l'*Agriculture*, 1849. p. 94).

(1) l'*Agriculture*, 1846, p. 203

Les faluns, très-communs également dans quelques localités de la rive gauche de la Garonne, n'ont pas été encore utilisés par l'agriculture, comme aurait dû le faire snpposer semblable application faite dans la Touraine avec le plus éclatant succès. Cependant, sans parler de quelques applications en grand (1) qui remontent un peu haut il est vrai, nous avons vu avec une vive satisfaction, dans la commune de Salles, canton de Belin, arrondissement de Bordeaux, ce produit naturel employé pour l'amélioration des prairies naturelles.

Sur une invitation spéciale du Conseil-général (2), nous-même avons porté notre attention sur tous ces points d'une manière toute spéciale; c'est ainsi que durant la essiou de 1846, nous eûmes l'honneur de vous présenter, Messieurs, un rapport sur la *Recherche et l'étude des marnes et faluns*, etc., accompagné d'une première par tie d'analyses détaillées de 34 échantillons de marnes, recueillies sur toute la surface du département et de 3 échanttillons de faluns (3). De plus, nous avons composé et distribué une instruction spéciale sur cet important sujet (4) et grand nombre de fois, nous avons analysé les échantillons qui nous ont été remis par les cultivateurs et nous leur avons fait connaître les règles des applications qu'ils pouvaient avoir en vue (3).

C. *Irrigations.* Nous avons établi ailleurs et mathématiquement les raisons que l'on peut tirer de l'état habituel de notre climat, en faveur de l'irrigation (4); l'expérience

---

(1) *Mémoires de l'Académie des sciences*, de Bordeaux, 1849, p. 64.

(2) *Procès-verbeaux des séances du Conseil-général de la Gironde*, 1845, p. 264.

(3) l'*Agriculture*, année 1846, p. 430. (4) id. 1846, p. 123. (5) id 1849, p. 360, etc...

(6) *L'Agriculture*, 1849, p. 251.

ayant dès longtemps démontré le grand avantage de ces sortes d'applications, on peut dire en principe qu'elles ont pour elles et la théorie et la pratique. On peut dire aussi, qu'il n'est guère de localités du département où il n'ait été fait quelques tentatives, plus ou moins importantes, plus ou moins ingénieuses, pour assurer aux prairies surtout, le bénéfice qu'elles peuvent retirer du voisinage de quelque cours d'eau.

Mais là ne se sont pas bornés les efforts de nos cultivateurs; de ceux particulièrement que l'état de leurs possessions, sous le rapport dont il s'agit, de leurs ressources, de leurs connaissances spéciales, mettaient en mesure d'agir d'une manière plus complète et plus efficace. Dans le département de la Gironde, effectivement, il a été établi des systèmes d'irrigation qui ont vivement fixé l'attention publique et qui doivent être mis au rang des entreprises capitales réalisées dans la période qui nous occupe.

Sur la vaste plaine de Cazeau, canton de La Teste, par les soins de la ci-devant *Compagnie agricole et industrielle d'Arcachon*, il a été fait un ensemble de travaux capables d'assurer le bénéfice de l'irrigation journalière à 4000 hectares de terre; au moyen d'eau prise dans des étangs (Cazeau et Parentis) présentant ensemble une surface de 9,522 hectares et pouvant en fournir, pour l'emploi dont il s'agit, 4 mètres cubes par seconde, au moment de l'étiage, et de 5 à 7 mètres pendant tout le printemps. Les canaux, rigoles et fossés, portés sur les plans de cette grande entreprise et la plupart exécutés, présentent un développement complet de 434,500 mètres ou 109 lieues de poste. A part les grands travaux exécutés en Provence par le célèbre Adam de Craponne, il n'est rien en France qui puisse être comparé à l'œuvre de la compagnie d'Arcachon. Espérons que les mesures déjà adoptées, et celles qui pourront encore y être ajoutées, permettront d'utiliser complètement la plus belle entreprise qui ait jamais été faite en faveur de l'agriculture de la Gironde (1).

En 1844, nous présentâmes un rapport à M. le Préfet, sur le système d'irrigation établi par M. Fieffé, dans sa propriété de la commune de Cestas (2). Ce système, d'un développement également assez considérable, avait cela de remarquable, qu'il reposait sur une circonstance naturelle tout-à-fait particulière aux landes et dont on cherchait ainsi à tirer parti à leur profit, tandis que dans l'état ordinaire des choses elle est bien loin, au contraire, de leur être favorable. Il reposait sur l'existence d'un sous-sol imperméable (*l'alios*) immédiatement au-dessous de la couche arable, sur la possibilité de recueillir la nappe d'eau que retient ce sous-sol après de longues pluies, de conduire cette eau dans des réservoirs et de s'en servir pour irriguer.

« Qui ne voit, disions-nous alors, que par ce moyen, » à moins de sécheresses telles que celles qui distinguent » d'une manière si fatale quelques-unes de nos années et » dont on pourrait aussi diminuer les effets, il sera facile » d'user, durant les intervalles des pluies, au grand avan- » tage des prairies dont la production est réglée par la » chaleur et l'humidité, des eaux mises en réserve et d'ar- » river ainsi au moment où des pluies torrentielles, qui » ne laissent presque aucune trace de leur passage, per- » mettront de renouveler la provision, etc... (3) ».

A Abzac, canton de Coutras, arrondissement de Libourne, un propriétaire, M. Rozier, peut jeter quotidiennement, sur sept hectares de prairies, 28,800

(1) l'*Agriculture*, 1840. p. 178.
(2) *Idem*, 1844, p. 96.
(3) *Idem*, 1844. p. 99.

hectol. d'eau, qu'il puise dans la rivière de l'Ille, au moyen d'une roue à godets.

Les travaux d'irrigation, lorsqu'ils peuvent avoir une certaine importance, doivent toujours être précédés d'études sur la qualité des eaux. C'est là un genre de concours que la science chimique peut prêter à l'agriculture et que celle-ci a le plus grand intérêt à réclamer, particulièrement dans notre département où les qualités des eaux sont très-variables (1).

Qu'on nous permette, en terminant ce paragraphe, d'exprimer le vœu qu'un jour on fera servir à l'irrigation de l'une des plus belles parties du département, le Canal latéral à la Garonne, et que l'on associera ainsi l'agriculture à tous les avantages que le commerce de Bordeaux retirera, dit-on, de cette gigantesque construction.

D. *Dessèchements, assainissements, etc.* Comme pour l'irrigation, nous avons eu également l'occasion de démontrer, par des chiffres, quels étaient les dangers de l'excès de l'eau en agriculture et de son séjour trop prolongé sur un même point. En 1849, nous avons fait de ce sujet important et de tous les détails qui s'y rattachent, l'objet d'une instruction, en forme de lettre, adressée à MM. les propriétaires ruraux et cultivateurs de la Gironde (2) et distribuée à mille exemplaires.

Nous n'avons pas, bien loin de là, la prétention d'attribuer à nos écrits, à nos efforts, les résultats heureux qui ont été obtenus dans le département, durant ces dernières années, par suite de travaux de dessèchements, d'assainissements, etc... Mais nous pouvons dire que si ces écrits et ces efforts y ont été pour quelque chose, nous devons nous en réjouir; car ces travaux ont été

(1) *L'Agriculture*, 1846, p. 162.
(2) *Idem*, 1849, p. 113

nombreux, la plupart exécutés sur une très-grande échelle et procurant ainsi à l'agriculture, des terres de qualités supérieures : à la salubrité publique, de nouvelles et précieuses garanties.

L'écoulement facilité aux eaux stagnantes, par des canaux, des fossés, des ponts, des écluses ; l'élévation procurée aux terres, relativement trop basses, par le colmatage ; l'assainissement assuré aux champs, aux prairies que les eaux souterraines imprégnaient constamment, par des travaux de drainage plus ou moins parfaits ; l'égouttement rendu facile aux terres que la charrue avait dès longtemps creusées dans le milieu et relevées aux extrémités, par des transports et des nivellements judicieux : tout a été tenté, tout a été exécuté dans la Gironde, dans un département que sa constitution géologique, nous le répétons, les reliefs de sa surface, ses nombreux cours d'eau et son voisinage de la mer, disposaient on ne peut mieux, à devenir l'objet de telles entreprises.

L'importance de tous ces faits est cause qu'en 1849 et par suite des demandes faites par le Conseil-général, il a été créé, dans le département, un service spécial des *Irrigations, Dessèchements, Dunes et Usines* et que ce service a été confié aux lumières et au zèle de M. l'Ingénieur Malaure (1).

---

(1) On trouve, dans *L'Agriculture*, de nombreuses et consciencieuses études sur ces matières, sous les titres suivants : *Des ressources qu'offrent à l'agriculture et à l'industrie les dessèchements des marais*, 1841. — *Petits marais de Blaye*, 1842. — *Réflexions sur la loi du 16 Septembre 1807*, 1842. — *De la propriété des petits cours d'eau*, 1842. — *Règlement des petits cours d'eau*, 1842. — *Observations sur la législation des petits cours d'eau*, 1842. — *Retenues à former sur les petits cours d'eau*, 1842. — *Observations sur les règlements des usines à eau*, 1842. — *Estey du Guâ*,

§ III.

Améliorations introduites dans les constructions rurales.

Un des agronomes les plus éclairés du Midi de la France, le très regrettable comte Louis de Villeneuve, de Castres (Tarn), disait à ses confrères qu'ils ne sauraient trop se prémunir contre la tendance qu'ont presque tous les propriétaires résidents à la campagne, de construire des bâtiments ruraux; prenant pour architectes, ajoutait-il, de simples maçons, ils élèvent des bâtiments où l'on ne trouve, ni utilité, ni bon goût et, souvent même, ni solidité (1). Cette observation est parfaitement fondée; cependant il faut dire aussi que l'architecture ne serait pas toujours en mesure de prévenir les inconvénients signalés, car, dédaigneuse elle aussi de la vie et des choses des champs, elle ne s'est guère occupée que des châteaux et des palais qu'on peut y élever et nullement des logements que réclament les travailleurs, les animaux, les récoltes, etc...

Mais heureusement, nous habitants de la Gironde, avons pu mieux que beaucoup d'autres, nous mettre à l'abri de telles erreurs, grâce aux excellents modèles que nous avons sous les yeux, grâce aux qualités précieuses qui distinguent en principe le plan traditionnel des constructions auxquelles on donne, dans toute la vallée de la Garonne, le nom de *métairie*. Ce n'est pas ici

---

etc. ., 1847. — *Palus de Beautiran*, 1847. — *Marais de Saint-Germain la Rivière*, 1848, etc.

En outre, on trouve décrit (année 1844, p. 129) un procédé simple et très-économique, pour le dessèchement des terres, pour lequel la Société d'Agriculture accorda à l'auteur, M. Ballan, maire de Saint-Martin-du-Bois, une médaille d'argent

(1) *Illusions et mécomptes d'un vieux agriculteur*, ch. 28.

le lieu d'exposer ce plan ; disons seulement que sous les rapports de la simplicité, de l'économie, de la commodité, de la facilité de surveillance, etc., etc., il n'en est guère qu'on puisse lui opposer (1).

C'est donc une nouvelle preuve de sagesse qu'ont donné nos propriétaires, en adoptant en général ce plan dans leurs nouvelles entreprises, en lui empruntant au moins les excellents principes sur lesquels il repose et qui ne peuvent manquer d'avoir été le fruit de l'observation la plus judicieuse, de l'expérience la mieux constatée.

Par rapport aux animaux, plusieurs fois la Société d'Agriculture a eu à donner des récompenses pour la bonne disposition des étables, écuries, parcs, loges, etc.; et nous-même, pouvons citer à cet égard, les constructions les plus remarquables que nous avons rencontrées. Ainsi, ce que nous avons vu chez M. de Lutkens, à Saint Laurent (Médoc), sous le rapport principalement de l'économie que peuvent procurer des rateliers bien disposés ; ce qui s'est propagé chez plusieurs autres grands propriétaires de l'arrondissement de Lesparre et ce que nous avons nous-même introduit sur plusieurs autres points éloignés du département. Ce que nous avons vu chez M. Delbos aîné, dans le même arrondissement, comme étable à vaches (2); la construction complète d'une ferme à Guîtres, chez M. Deymène fils ; une construction semblable au domaine du *Virou*, (Blayais). Chez M. Delbos-Desormes, etc., etc., Relativement à l'industrie vinicole, nous citerons en première ligne, les vendangeoirs ou cuviers à chemin de fer, tel qu'on en voit en assez grand nombre dans le Médoc, chez MM. Popp, maire de

(1) Nous espérons bientôt pouvoir publier sur cet intéressant sujet un travail complet.

(2) l'*Agriculture*, 1840, p. 111 avec plans. — 1852, p. 113,

Saint-Laurent, Phélan à Saint-Estèphe, Delbos aîné, à Cussac, etc., etc., (1).

Pour la conservation des récoltes, pour la facilité de leurs maniements, de leurs déplacements, des constructions ont été élevées qui témoignent aussi d'un véritable progrès.

Pour les fumiers, on a adopté des méthodes qu'il serait sans doute bien difficile de préciser, mais dans lesquelles en général, on retrouve l'observation, plus ou moins rigoureuse, des principes qui veulent que cette précieuse matière soit mise à l'abri d'un trop libre accès de l'air, de la chaleur et de l'eau; qui veulent aussi qu'il soit facile de l'arroser avec les parties liquides qui s'en dégagent sans cesse et qu'on puisse facilement la charger pour la transporter.

Pour les logements des cultivateurs et de leurs familles : métayers, vignerons, valets, etc., nous sommes heureux de pouvoir dire ici à la louange de l'esprit de religieuse philanthropie qui anime les détenteurs du sol girondin en général, que de louables efforts ont été faits pour garantir à ces logements toutes les conditions de commodité, de salubrité et de décence qu'ils réclamaient et qui semblaient, il faut bien le reconnaître, n'avoir que bien peu préoccupé les anciens possesseurs.

§ IV.

Améliorations dont les animaux domestiques ont été l'objet.

Dans le travail que nous eûmes l'honneur de vous soumettre l'année dernière, Messieurs, après avoir fait remarquer combien, sous le rapport des races d'animaux

---

(1) l'*Agriculture*, 1842, p. 358, avec plans.

domestiques et principalement sous celui de la race bovine, la nature avait été généreuse envers le département de la Gironde, nous insistions pour que des mesures administratives fussent prises, afin de défendre, contre une ardeur de croisement souvent trop peu éclairée, la pureté, la valeur de ces races (1). Cette circonstance, sur laquelle vous nous permettrez d'appeler de nouveau toute votre attention, vous fait comprendre déjà que si nous avons, sur ce point, à vous signaler des progrès, ceux-ci peuvent malheureusement être balancés par des entreprises qui sont bien loin d'avoir amené de tels résultats.

Oui, Messieurs, il y a progrès et progrès extrêmement sensibles, extrêmement heureux, dans l'augmentation relative du nombre des animaux élevés et entretenus dans les exploitations, surtout en ce qui touche aux animaux des races bovines et chevalines. Ce progrès lui-même tient à un autre, non moins avantageux, non moins digne de toute votre attention et que nous mentionnerons ci-après, au progrès réalisé dans les prairies artificielles.

Oui, il y a progrès, progrès également sensibles, également heureux, dans l'amélioration déterminée chez ces animaux, par une plus grande abondance, un meilleur choix de nourriture; par des soins mieux entendus et plus soutenus, bien qu'à cet égard l'attachement du cultivateur au compagnon de ses travaux, soit parmi nous une vertu héréditaire ; par des choix des *appareillements* (2) plus judicieux; par quelques croisemenis bien compris, bien calculés, sous le double rapport des ressources offertes à cet égard par les races locales et des convenances du cli-

(1) *Tableau général de l'Agriculture*, etc., dans la Gironde, p. 43 — 75

(2) On entend par *appareillement*, le soin que l'on prend à assortir, sous les rapports de l'âge, des qualités physiques et des qualités morales, les mâles et femelles qu'on veut réunir, en vue de la repro-

mat, des besoins, de l'état agricole et de toutes les autres circonstances particulières à la localité.

Mais aussi il y a déception, perte, confusion, abus regrettable des dons de la nature, application irréfléchie ou ignorante des principes de la science, en cette matière délicate, dans des croisements également réprouvés par la nature et par la science; aussi contraires aux intérêts et à l'amour-propre de ceux qui les ont entrepris, qu'aux intérêts et au légitime orgueil de l'agriculture départementale.

Ah! qu'on ne perde pas de vue ces deux faits, assez peu importants peut-être par eux-mêmes, mais bien significatifs par les avantages qu'ils nous révèlent, par les avertissements qu'ils nous donnent : quand les Anglais étaient maîtres de la Guienne, c'est sur les bords de la Garonne qu'ils prenaient les sujets destinés à l'amélioration de la race bovine existant dans leur île : quand Arthur Young, passa à Bordeaux, en 1787, ce sont les bœufs attelés aux traîneaux stationnant sur le quai de la Douane qui provoquèrent le plus l'admiration du célèbre observateur!

Ici se rencontre encore et malheureusement, ce danger auquel s'expose trop souvent notre agriculture, en voulant d'une manière trop servile et sans tempérament aucun, répéter ce qui se fait, ce qui a pu réussir au-delà de la Loire. Qu'on réfléchisse donc qu'il existe entre cette portion de la France et les contrées du Nord qu'elle avoisine, telles que l'Angleterre, la Belgique, la Hollande,

---

duction. « Il faut appareiller scrupuleusement les figures et les quali- » tés, à l'effet de réparer par les beautés du mâle les difformités de la » femelle, et à l'effet encore de ne pas donner lieu à des productions » monstrueuses qui auraient leur source dans des accouplements » monstrueux ». (Bourgelat).

etc..., des rapports de climat, de sol d'habitudes qui ne se retrouvent plus parmi nous d'une manière aussi générale ; ce qui doit nécessairement introduire aussi des différences notables dans le choix des moyens à employer pour améliorer cette même agriculture.

Tout récemment il s'est présenté à Bordeaux une occasion de remarquer le danger, les conséquences regrettables des faits que nous signalons et c'est le Jury, institué pour le concours des animaux de boucherie, qui a eu à le constater à propos des croisements subis par certains sujets de l'espèce ovine (1). Qu'est-il arrivé de l'introduction du sang suisse en Médoc, parmi les sujets de la race bovine? sinon les inconvénients graves que l'on avait déjà remarqués en Auvergne, à propos de la race de Salers (2). Les chevaux du Bas-Médoc, si solides, si durs à la fatigue, que sont-ils devenus sous l'influence des tentatives de tous genres faites pour leur donner plus de formes, plus d'élégance, ou tous les autres avantages secondaires, en opposition avec des qualités réelles et à jamais regrettables? Ceux des landes, si vifs, si actifs, si bien appropriés aux exigences de la localité, aux chétives ressources qu'elle offre, où sont-ils maintenant, où peut-on en rencontrer encore?

A cet égard, que nos cultivateurs qui auraient encore la faiblesse de se laisser séduire par les récits d'outre-Manche, par les articles de journaux, par le désir, si respectable d'ailleurs, d'attacher leur nom à une réforme utile, veuillent bien, à défaut d'études plus complètes et plus approfondies sur ce grave sujet, relire la fable de Lafontaine intitulée : *le Chien qui lâche sa proie pour l'ombre;* qu'ils réfléchissent à ce peu de mots, terminant cette fable et exprimant sa haute moralité :

---

(1) *L'Agriculture*, 1851, p. 186

(2) *Maison rustique du XIX siècle*, t. II, p. 463.

A toute peine il regagna les bords,
Et n'eut ni l'ombre, ni le corps.

Quant aux mesures administratives que pourrait comporter cette matière importante, nous avons eu l'honneur de les signaler l'année dernière, et nous prendrons la liberté de les rappeler de nouveau (1).

§ V.

Améliorations introduites dans les moyens immédiats de la cultures.

Le vaste sujet que nous aurions à traiter ici, doit nécessairement être ramené à quelques points principaux, pris eux-mêmes comme pouvant plus facilement exprimer les changements que nous avons à signaler.

A. *Plantes qui entrent dans notre culture.* Nous avons eu l'occasion de faire remarquer souvent combien le nombre des espèces de plantes soumises à une culture régulière et complète était peu de chose, comparé à celui des espèces que l'homme abandonne à elles-mêmes et qui ne relèvent que des seules lois de la nature. Voici des chiffres qui prouveront d'abord quelle est la richesse du règne végétal, en général, en espèces phanérogames (2).

Espèces	croissant dans	le monde entier, d'après différents auteurs.	80,000
—	—	la France, d'après le *Botanicon gallicum* de M. Duby.	3,663
—	—	le département de la Gironde, d'après la *Flore bordelaise* de M. Laterrade (4.e édit.). . . .	1,424

(1) *Tableau de l'agriculture*, etc., de la Gironde, p. 75.

(2) Par *phanérogames*, les botanistes entendent les plantes à fleurs visibles, par opposition aux *cryptogames* qui ont les fleurs cachées : comme les champignons, les mousses, etc...

Maintenant, si nous mettions en regard de ces chiffres celui de nos espèces cultivées, nous trouverions ce dernier bien faible, eu égard au premier. Pour ce qui regarde le département de la Gironde en particulier, en ne nous occupant que des plantes d'assolements, nous trouverions qu'il atteint à peine trente; c'est-à-dire qu'il est à celui des plantes sauvages du même département :: 1 : 47. Mais trente, c'est le chiffre du catalogue tout entier. Or, dans toutes les fermes on ne cultive pas, il s'en faut de beaucoup, toutes les plantes admises dans la Gironde. Les différences de terre, d'exposition, de situation, de système suivi, etc., sont autant de causes qui réduisent beaucoup ce nombre dans chaque localité; au point même qu'il en est certaines, celles par exemple où l'antique rotation biennale n'a pas encore été modifiée, qui n'en connaissent qu'une seule : le froment.

Maintenant, si nous décomposons ce nombre de trente, ci-dessus admis, nous trouvons encore qu'il renferme :

En espèces indigènes à la contrée.	7
En espèces exotiques, ou rendues en quelque sorte telles par l'ancienneté de la culture.	23

Enfin, si nous nous demandons, et c'est là surtout qu'est l'intérêt de cette recherche, quelle est la différence existant entre le catalogue de la culture ancienne et celui de la culture moderne, nous trouverons que les anciens admettaient déjà presque toutes nos plantes cultivées et que nos efforts, nos recherches, n'ont abouti qu'à en ajouter cinq : trois prises dans l'ancien monde et qu'ils auraient pu connaître : le sarrazin, la betterave et le maïs (1); deux prises dans le nouveau monde et qu'ils

---

(1) Le maïs est arrivé en Europe presque en même temps de deux points opposés : de l'Orient par les Croisés, d'où son nom *Blé de Turquie* : de l'Amérique par les Espagnols, d'où son nom *Blé d'Espagne*.

n'auraient pas pu connaître : la pomme de terre et le topinambour. Nous trouverons encore, en lisant attentivement les descriptions qui nous ont été laissées par les auteurs grecs et romains ; en examinant les bas-reliefs de l'Égypte, de la Grèce, etc..., que les espèces anciennes sont, sous notre main, absolument ce qu'elles étaient sous celle des cultivateurs égyptiens, grecs ou romains.

Par tout ce qui précède, on comprend très-bien combien l'agriculture a peu à attendre de l'acquisition de nouvelles plantes et combien, à cet égard, sont grandes les illusions de ceux qui espèrent dans les graines venues des contrées étrangères. Si l'agriculture de la Gironde a gagné quelque chose, sous le rapport dont il s'agit, ce n'est pas pas précisément par l'acquisition d'espèces jusque-là inconnues; mais seulement par l'admission plus régulière, plus en grand de plantes déjà admises dans les autres contrées de la France, ou dans les pays voisins.

C'est ainsi que de véritables et solides progrès ont été réalisés parmi nous dans la période qui nous occupe, par l'introduction, presque générale aujourd'hui, du trèfle de Hollande, déjà ancien en Allemagne et dans le nord de la France, déjà recommandé en Guienne sous l'administration de M. de Tourny ; de plusieurs autres plantes de l'utile famille des légumineuses, propres aux prairies artificielles : luzerne, sainfoin, vesce, etc..; de racines, telles que la betterave et la carotte, de plus en plus appréciées et le rutabaga, si précieux pour les terres légères; de tubercules, tels que le topinambour, cet utile auxiliaire de la pomme de terre; enfin, d'autres plantes fourragères en tête desquelles nous devons placer les deux variétés de choux dites : chou-cavalier et chou-branchu (1).

(1) Pour ce qui nous regarde et conformément aux vues du Conseil

Nous devons dire aussi que de louables efforts ont été faits pour l'amélioration des espèces ou variétés admises dans nos cultures. En ce qui touche aux céréales particulièrement, par les remplacements, par tout où cela a été possible, du froment au seigle; par la substitution presque générale aujourd'hui, des qualités dites *blés-fins* aux qualités dites *blés-gros* (1). Par l'introduction, dans les parties irrigables de la plaine de Cazeau et sur une échelle de plus en plus étendue, de la culture du riz (2).

Mais ces sortes de tentatives, étendues à presque toutes les espèces cultivées, c'est au sujet de la vigne surtout, cette base essentielle de la culture girondine, qu'elles ont été nombreuses et suivies. On n'a pas, il est vrai, changé la composition du vignoble bordelais; mais on l'a considérablement amélioré par un meilleur choix de bonnes variétés, par un assortiment plus judicieux des propriétés particulières à chacune d'elles, selon le terrain, la situation, le genre d'emploi du produit obtenu, etc...

---

général, nous avons répandu depuis trois ans, dans le département, plus de *trois mille cinq cents* poches de ces deux précieuses variétés de chou, contenant chacune de quoi obtenir *cinq à six cents* plants. Nous avons assuré le placement de plusieurs milliers de plants préparés par M. Catros-Gérand, pépiniériste, tant de ces choux que de la betterave destinée à la transplantation hâtive, ou méthode Kœchlin.

(1) Nous rappellerons ici les expériences et les observations faites par M. Fieffé en 1847, 1848, 1849, sur 195 variétés de froments français et étrangers : observations qui lui valurent de flatteurs encouragements, notamment de la part du Jury pour l'exposition nationale. *(L'Agriculture* : 1849, p. 143.—1850, p 168.—1841, p. 458*)*.

Nous mentionnerons aussi une variété de blé introduite dans le Bazadais, depuis 1847, sous le nom de *blé flouquet*, bien que les qualités qui l'avaient d'abord faite rechercher, aient semblé ensuite perdre de leur importance.

(2) *L'Agriculture*, 1849, p. 24—1850, p. 30.—1851, p. 188.

Parmi les cépages introduits, nous devons surtout citer le *Sirrha* qui fait la base presque exclusive des vignobles renommés de l'Hermitage et de Thain. « La bonne qualité du vin produit par ce cépage, dit M. le Cte Odart, a décidé plusieurs propriétaires de la Gironde à l'introduire dans leurs vignobles, même dans les mieux famés (1).

Quelques arbres fruitiers ont passé aussi de la petite à la grande culture, des jardins dans les champs. C'est ainsi que le canton de Sauveterre notamment a trouvé, dans la culture en grand du pommier, un nouveau moyen de tirer parti de ses terres essentiellement argileuses. La variété dont il s'agit est le *gros apis* ou *pomme rose* (2), ses produits sont abondants et leur exposition, durant tout l'hiver, donne aux marchés de Sauveterre un aspect des plus gràcieux, en même temps qu'elle ajoute à leur importance pour une somme de 40 à 50,000 fr. au moins. C'est ainsi également que le prunier a passé du département de Lot et Garonne dans celui de la Gironde; que dans le canton de Monségur notamment, le mieux situé pour l'accueillir, sa culture a pris une grande importance et que déjà le fruit parfaitement préparé de cet arbre précieux, figure pour un très-haut chiffre dans les affaires qui se traitent sur les marchés du chef-lieu de ce canton (3).

Nous mentionnerons les mûriers, objets depuis plusieurs années d'une attention toute spéciale de la part de l'administration et des différentes compagnies formées pour aider aux progrès de l'agriculture. Nous le men-

---

(1) *Ampélographie universelle*, 2.me édit. p. 189.

(2) *L'Agriculture*, 1845 et 1848.

(3) Permettez-nous de rappeler qu'en 1847, nous vous présentâmes, sur ce sujet, un ouvrage que le libraire Chaumas a édité, sous le nom d'*Etudes sur le prunier et la préparation de son fruit*, etc.

tionnerons pour signaler la tendance qui se manifeste d'admettre cet arbre précieux dans la petite culture ; de considérer les soins qu'il exige ainsi que l'industrie à laquelle il donne lieu, comme un supplément, comme un complément de l'exploitation ordinaire de nos champs, conformément aux idées émises à cet égard par l'honorable **M. Olivier Durant.**

B. *Travaux exigés par les différentes plantes cultivées.* Ici nous devons traiter, et des progrès réalisés dans la forme de ces travaux eux-mêmes, et des progrès réalisés dans les objets réclamés pour leur accomplissement : pour les uns et pour les autres, nous devrons nécessairement être brefs.

En général, de grandes améliorations ont été introduites dans les façons de toutes sortes données aux terres ; dans les labours qui sont plus profonds, plus opportuns, exécutés avec plus de soin et d'intelligence. Dans la disposition de la terre que plusieurs cultivateurs, grâce à des travaux préalables d'assainissement, ont pu mettre en planches plus ou moins larges ; dans la direction donnée aux labours, eu égard à la situation, à l'exposition des champs et à leur mode d'égouttement. On a compris les avantages qu'il y a à bien diviser la terre, à la bien nettoyer, en un mot, à lui prêter tout le concours mécanique que réclame un bon système de culture.

En ce genre, l'économie a encore été un progrès. C'est ainsi qu'en fait de culture de vigne, on a reconnu les plus grands avantages, là où cette plante doit donner des produits abondants et bon marché, à la disposer par rangs doubles et même par rangs simples (en *Joualcs*), pour pouvoir lui donner des façons à la charrue : ou mieux encore, quand l'intervalle entre les rangs est utilisé par les céréales, pour pouvoir la faire profiter des façons données à ces dernières.

On voit là un exemple frappant des avantages de la culture en lignes, lorsqu'elle est possible et que les plantes auxquelles on l'applique peuvent la supporter ; lorsqu'il y a réellement bénefice à leur assurer les facilités de travail et le grand concours atmosphérique qu'elle procure. On sait que la généralisation de cette idée remonte à Thull et à Duhamel, et que son application aux céréales avait été reprise parmi nous, avec une nouvelle énergie, par M. Hugues et au moyen de son ingénieux semoir.

On sait également combien a été heureuse l'application de ce système, les semis par bandes parallèles, à la culture du pin de nos landes. A la tête des propagateurs de cette heureuse innovation, il faut citer l'honorable M. Ivoy père et, comme exemples de ses utiles résultats, en même temps que les semis de cet habile sylviculteur dans son domaine de *Geneste*, ceux opérés sur la plus vaste échelle par la compagnie formée pour le reboisement des landes du ci-devant *duché d'Albret* (Lot-et-Garonne) (1).

Parmi les objets réclamés pour l'accomplissement des travaux exigés par les différentes cultures, il faut citer au premier rang les outils, instruments et machines aratoires.

On sait quels ont été, durant ces dernières années, les progrès réalisés dans cette partie et combien, sous ce rapport, l'émulation est encore active et féconde.

Dans la Gironde, ces tendances se sont également manifestées, sous l'influence des associations s'occupant des progrès de l'agriculture, sous l'influence des hommes qui ont dirigé vers ce but utile leur intelligence et leur activité et à la tête desquels il faut placer M. Hallié. Il est juste de reconnaître effectivement, que c'est aux efforts

(1) L'*Agriculture*, 1844, p. 217.

incessants de ce généreux citoyen, qu'est due en très-grande partie l'introduction et l'application, dans le département, des instruments perfectionnés qui sont venus successivement prêter à notre agriculture le plus heureux concours : charrues; herses, rouleaux, extirpateurs, etc. etc..., que sont dues certaines modifications notables apportées à ces instruments, en vue de nos usages particuliers ; certaines inventions motivées par le désir de concilier en cette matière les avantages de l'économie avec celles de la perfection et de la solidité de l'instrument. Sous ce dernier rapport, nous citerons cette petite charrue en fer, si légère, si exacte, si puissante, connue et répandue dans nos campagnes sous le nom de son inventeur : *la charrue Hallié* (1). D'autres instruments, d'autres inventions doivent encore être cités. L'heureuse modification de l'araire du pays connue sous le nom d'*araire Coulandreaux*, s'est introduite dans le département par les soins de quelques propriétaires intelligents, ayant des relations dans le Lot-et-Garonne; c'est ainsi qu'à lui seul et depuis quelques années seulement, M. Dauzac, de Pujols, en a introduit trente-deux dans le canton de ce nom. C'est à la Gironde qu'appartient l'invention du semoir-Hugues (2); celle de la machine à battre, des frères Mothes; celle du ventilo-égraineur, de M. Dolley (3); celle du récipient mobile, de M. Hugues, pour l'extraction des résines (4) et grand nombre d'autres innovations moins importantes, moins hardies mais tout aussi capables de témoigner de la tendance énergique qui s'est manifestée parmi nous vers ces utiles résultats.

---

(1) L'*Agriculture*, 1846, p. 124.

(2) *Idem*, 1840 p. 36

(3) *Idem*, 1846, p. 278.

(4) *Idem*, 1845, p. 204.

Le sciage du blé à la faux a été introduit, avec tout le succès qu'il avait déjà obtenu ailleurs, dans quelques parties du département de la Gironde. Dans le canton de Sainte-Foy, où ce mode de procéder est très répandu, un ouvrier habile, le sieur Nieaud, a mérité pour la bonne confection des faux propres à cet usage, une médaille d'argent de la Société d'Agriculture.

Plusieurs machines à battre d'origine française et étrangère, ont été introduites dans le département. Il y a peu de temps que nous avons eu à proclamer le mérite de celle de M. Houyeau, d'Angers, que l'on voit fonctionner notamment chez M. Lemotheux à Eysines et chez M. Fieffé à Cestas (1). Néanmoins, les avantages que nous devons à notre climat, pour l'opération capitale dont il s'agit, joints aux traditions de l'agriculture qui nous est propre, font que plus ordinairement c'est au grand air, au grand soleil que nous battons nos blés : circonstances qui donnent au cylindre ou rouleau de pierre ou de bois une grande valeur parmi nous ; qui expliquent l'usage de plus en plus général de cette machine, aussi simple qu'ingénieuse et qui nous portèrent à la recommander d'une manière toute particulière, en 1841, à l'attention des cultivateurs de la Gironde (2).

La culture de la vigne a eu également et autant que pouvait le permettre l'état de perfection où l'ont conduite de longs siècles d'expérience et d'observation, sa part dans les améliorations dont il s'agit. Plusieurs compositions et notamment le *coltar*, ont été employées pour donner plus de durée aux échalas qu'elle exige, qui entrent pour une somme très forte dans son entretien annuel et

---

(1) l'*Agriculture*, 1849, p. 18.

(2) *Idem*, 1841, p. 422 — 1841, p. 125.

auxquels, du reste, on avait proposé de substituer le fil de fer. L'acacia, comme essence éminemment propre à la fabrication de ces échalas, se propage de plus en plus dans le département et, récemment, M. Moussillac, de La Réole, a fait avec ce bois des cercles qui ont paru de qualité supérieure et lui ont valu une médaille au concours national de Versailles.

L'introduction du sécateur, généralement admis aujourd'hui pour la taille de la vigne (1), a été, au point de vue de l'économie, une très-grande amélioration.

On paraît se bien trouver aussi, par rapport à la durée de l'effet du fumier, d'un mode qui consiste à le répandre non plus autour du pied, mais dans des fossés ou rigoles établis entre les rangs de vigne et assez profonds pour que la charrue ou la houe ne puissent pas pénétrer jusqu'à cette matière et troubler l'action chimique qu'elle doit exercer sur les racines.

Dans la fabrication du vin, il a été fait sur quelques points, des changements dont les résultats ont pu être d'abord diversement jugés, mais dont la persistance indique cependant une suffisante raison d'être. Tels sont ceux qui ont porté sur l'égrappage du raisin, par des procédés plus ou moins ingénieux; sur la couverture des cuves, etc... Tels sont ceux surtout qui ont porté sur une disposition des cuviers ou vendangeoirs, avec étage supérieur aux cuves et chemin de fer. Cette disposition que nous avons fait connaître depuis assez longtemps, se voit principalement chez MM. Popp, maire de Saint-

---

(1) Le Médoc est la seule contrée qui n'ait pas admis le sécateur. Cela tient au mode particulier de direction donné à la vigne et peut-être aussi au désir qu'ont eu les praticiens de cette localité de persister dans un genre de taille qui décèle, de leur part, autant d'intelligence que d'habileté.

Laurent, Phélan à Saint-Estèphe, Delbos aîné, au château de Lanessan, etc... (1).

C'est encore un progrès, eu égard à l'augmentation de revenu qu'il assure, que l'introduction, dans les vignes des terres riches et profondes, des *palus*, de la culture des céréales et de certaines légumineuses, Mais quant à la vigne elle-même, c'est au temps et à l'expérience qu'il appartiendra de décider du mérite de cette méthode (2).

C. *Engrais nécessaires à la production de la terre.* L'obligation d'assurer à la terre le concours indispensable des engrais est un des motifs qui ont le plus excité l'émulation des cultivateurs, une des causes qui ont le plus contribué aux progrès de l'agriculture.

Le mouvement qui s'est manifesté ici n'appartient pas seulement à la Gironde, la France entière en a été le théâtre ; il a entraîné les savants, qui ont composé et publié sur ce sujet des ouvrages du plus haut intérêt ; il a excité l'industrie, qui a voulu venir en aide en cette circonstance à l'agriculture ; il a fixé l'attention des faiseurs d'affaires, des charlatans, qui ont cru trouver là un moyen de réaliser des bénéfices qu'ils ne rencontraient plus ailleurs.

Il y a progrès et progrès des plus faciles à constater dans les moyens pris par les cultivateurs pour obtenir plus de fumier, l'avoir meilleur, le mieux conserver et le mieux appliquer. On a plus de bestiaux, plus de fourrages et plus de litières ; on cherche à mieux loger les animaux, au point de vue dont il s'agit ; on entasse les fumiers sur des points plus convenables et d'après des systèmes mieux entendus ; on cherche à en faire aux

---

(1) L'*Agriculture*, 1842, p. 358.

(2) *Idem*, 1841, p. 118.

terres une application plus multipliée, plus directe et plus capable de prévenir les pertes de cette utile matière, de cette portion essentielle de la richesse nationale, comme le disait un de nos savants confrères (1).

C'est dans le port de Bordeaux que sont arrivés et qu'arrivent encore la plupart des navires chargés de guano; aussi la Gironde a-t-elle usé abondamment de cette matière fertilisante. Il en a surtout été fait usage, avec des résultats qui ont dû d'abord exciter l'empressement des cultivateurs, dans la vaste contrée de la rive droite de la Garonne que recouvre cette terre couleur de cendre : mélange exclusif d'argile et de sable et que les praticiens nomment *boulbènes*.

Il n'est pas douteux que le guano ne soit en maintes occasions un excellent auxiliaire pour l'agriculture, un précieux moyen de pourvoir au défaut de fumier, soit au début d'une exploitation, soit en toutes autres circonstances malheureusement trop communes; mais accepter cela, ainsi qu'on a osé de le faire, comme base d'un système d'exploitation continu et régulier, ce serait s'exposer à un danger que les principes de la science et les règles de l'économie agricole démontrent également. Ce serait s'exposer à voir plus tard la terre, ainsi traitée, rester épuisée, sans force et sans vigueur ; ce serait courir le risque de manger son fonds avec son revenu.

Relativement aux engrais dits artificiels, par opposition à ceux des étables nommés si légitimement naturels, Bordeaux n'est pas en arrière de Paris et des autres

---

(1) Nous-même avons fait de ce sujet important l'objet d'une de nos instructions adressées annuellement aux cultivateurs de la Gironde : *Des Engrais, de leur nécessité, de leur production, de leur conservation, de leur appréciation*, etc. (*L'Agriculture*, 1851, p. 130).

grandes villes de France, dans l'utilisation des ressources dont il pouvait disposer pour ce genre de fabrication.

D'abord il faut citer le résidu des raffineries, dit *noir animal*, avec cette observation toutefois, que c'est vers la Bretagne et la Vendée principalement, vers les formations granitiques, auxquelles elle convient particulièrement, que cette matière est envoyée. Il faut mentionner les poudrettes, objet de plusieurs entreprises, et différentes autres compositions plus ou moins compliquées, plus ou moins dignes de la confiance, si souvent, si audacieusement trompée, des cultivateurs (1).

Bordeaux et le département de la Gironde furent admis en 1837 aux expériences solennelles et officielles du procédé Jauffret. D'abord de nombreux et chauds partisans furent acquis à ce procédé, que l'inventeur exposait lui-

---

(1) Un relevé des brevets d'invention pris depuis la promulgation de la loi de 1791, par des habitants de la Gironde et pour des engrais, prouvera quelle a été notre part dans le mouvement dont il s'agit.

1. Fabrication d'une poudre alcaline végétative ou nouvelle poudrette; brevet pris le 25 Novembre 1814, par la Dame *Vibert-Duboul*, à Bordeaux.

2. Poudre saline propre à l'engrais des terres, brevet pris le 19 Mars 1821, par *Housset* à Bordeaux.

3. Engrais; brevet délivré le 14 Juillet 1842, a *Faucon*, fabricant de noir animal, à Bordeaux.

4. Engrais et système de fourneaux propres à sa fabrication; brevet pris le 21 Octobre 1847 par *Lafitte*, fabricant d'engrais, à Bordeaux.

5. Procédé de fabrication d'engrais fort azoté; brevet pris le 26 Octobre 1847, par *Barrière et Fils aîné*, à Bordeaux, avec addition du 15 Juillet 1848.

5. Fabrication de cyanures par l'ammoniaque, et leur emploi comme engrais; brevet pris le 15 Octobre 1849, par *Baudrimont*, professeur à la faculté des sciences de Bordeaux.

même (1), qu'il présentait comme moyen infaillible d'appeler à tous les avantages d'une riche culture toutes les terres indistinctement. Mais le temps démontra bientôt que si, effectivement, il y avait dans le procédé du cultivateur provençal quelque chose qui pouvait amener plus rapidement à décomposition certains débris organiques, ceux-ci ne s'élevaient jamais à la valeur des engrais animaux et que bien souvent aussi la question des frais devenait un obstacle majeur à l'application de cette méthode. Aujourd'hui, il ne reste dans la Gironde que peu de cultivateurs pratiquant plus ou moins la méthode Jauffret.

S'il est une partie de l'agriculture qui se prête difficiment aux progrès, aux changements plus ou moins complets, dans le fond surtout, certes, c'est bien celle des engrais. On peut bien, par des procédés plus ou moins ingénieux, réduire en terreaux des produits organiques que les agents naturels de décomposition auraient eu de la peine à attaquer; mais on n'en obtient ainsi que ce qu'ils possédaient déjà, et, s'ils étaient sans azote et autres principes que l'on sait agir de la manière la plus active sur la végétation, ils ne font après tout, que des engrais de peu d'énergie et de peu de valeur. Pour faire de la bonne soupe, il faudra taujours de la bonne viande; pour faire de bons engrais, il faudra toujours des matières azotées que le règne animal est principalement en position de fournir, soit par ses débris, soit par ses déjections quotidiennes.

Mais ce qui constitue un progrès réel et fructueux,

---

(1) P. Jauffret, homme de bien, de dévoûment et de conviction, mourut à Bordeaux le 5 Novembre 1837, laissant inachevées plusieurs des expériences qu'il avait entreprises

bien qu'en cela il y ait loin d'une invention, d'une nouveauté (1), c'est l'usage de plus en plus général, dans plusieurs parties du département, la plaine de la Dordogne, celle du Drot, celle de la Garonne, etc... de cultiver des plantes, des légumineuses principalement, pour les enfouir en vert, pour fumer la terre. Non-seulement, on a trouvé en cela le plus précieux concours pour la culture annuelle, mais foncièrement des terres médiocres ont été ainsi changées, profondément améliorées. Dans la commune de Mouliés notamment, canton de Pujols, aux lieux de Villemartin et du Bois-des-Remises, des terres médiocres ont vu croître, par ce moyen, leur valeur dans la proportion de 30 à 50 pour cent.

§ IV.

Améliorations introduites dans les systèmes du culture.

Comme l'agriculture, dans son application, constitue une œuvre d'ensemble, en définitive, c'est dans cet ensemble qu'il faut aller chercher sa perfection et non dans les moyens isolés qu'elle met en œuvre pour le produire, quels que soient d'ailleurs la valeur et le mérite de ces moyens.

En outre, pour l'œuvre d'ensemble qui résulte de l'organisation et de la mise en action de tous les moyens

(1) Cette méthode, dont la physiologie végétale explique parfaitement le mérite, est extrêmement ancienne Elle faisait partie du système de culture des Grecs et des Romains, nos maîtres en cette partie; et il est étonnant que dans nos contrées, elle ait disparu au point de pouvoir la prendre aujourd'hui pour une nouveauté. « Quelquefois » on sème des végétaux, non pour les récolter eux-mêmes, mais pour » l'utilité de la récolte qui doit suivre; attendu qu'en les coupant et » les laissant pourrir sur place, *ils bonifient le terrain...* (VARRON).

secondaires, il n'est pas plus possible d'admettre l'arbitraire que pour chacun de ces moyens en particulier. S'il y a, ainsi que nous l'avons déjà fait remarquer pour chacun d'eux, une raison d'être, il y en a une aussi pour l'expression générale de leur association, et les modes usités dans chaque localité, les systèmes de culture adoptés, ont également pour bases la nature des terres, celle du climat, les besoins et les penchants des populations.

Or, dans notre département, comme dans toute la partie méridionale de la France, le système d'exploitation suivi, avec plus ou moins de pureté et d'une manière plus ou moins complète, est le système qualifié de *biennal;* celui que suivaient les Grecs et les Romains, qu'ils portèrent dans nos contrées et que Virgile résume ainsi :

Qu'un vallon moissonné dorme un an sans culture ;
Son sein reconnaissant te paye avec usure.

Excellent pour les temps où les populations étaient encore peu nombreuses et où la production des céréales était le but unique du travail des terres, ce système a dû se trouver défectueux dès que toutes ces circonstances ont changé ; dès qu'il a fallu assurer la nourriture d'un plus grand nombre d'individus ; dès qu'il a fallu songer à leur fournir pour cela autre chose que du pain.

La première modification subie par le système biennal, en face de ces nouvelles exigences, fut l'utilisation plus ou moins complète de l'année de repos : soit pour la production de certaines légumineuses, propres à la nourriture de l'homme : soit pour la production de plantes de la même famille, mais qui ne grainaient pas, qui n'épuisaient pas la terre et que l'on cueillait vertes, pour la nourriture des animaux, pour faire des engrais.

Or, à l'égard de cette dernière modification, la seule vraiment progressive, la seule vraiment capable de faire entrer notre agriculture dans une voie meilleure, il est deux plantes que l'on doit citer, comme l'ayant rendue possible, comme ayant facilité, commandé, les changements avantageux qu'a dû subir et que subit encore l'antique système cultural.

Ces deux plantes appartiennent à la même famille, à l'utile famille des légumineuses. La première est le trèfle incarnat (*Trifolium incarnatum*), vulgairement *Farouch*, plante annuelle, fournissant en vert un fourrage abondant et d'excellente qualité et jouissant de la précieuse propriété de pouvoir revenir sans cesse sur le même terrain. Son introduction, dans nos contrées, remonte aux dernières années du siècle précédent. La seconde est le grand trèfle, ou trèfle de Hollande (*Trifolium pratense*), plante vivace, éminemment favorable à la terre, fournissant un fourrage abondant, également bon en vert et en sec; mais exigeant dans son retour des intervalles d'autant plus longs que le sol est de qualité plus faible. C'est de cette plante, dont l'introduction dans nos contrées est beaucoup moins récente et encore beaucoup moins générale, que le judicieux Schwerz a dit : *Celui-là ne mérite pas le titre d'agriculteur qui peut passer à côté d'un champ de trèfle sans plaisir et sans admiration!*

Le système biennal a trouvé dans le trèfle incarnat une plante qui se prête merveilleusement à ses exigences les plus étroites. Il vient utiliser la terre aussitôt que les épis sont tombés sous la faucille; il peut l'accepter sans préparation aucune; bientôt il la couvre d'une verdure qui assure aux animaux, dès les premiers jours du printemps, une nourriture saine et abondante et qui fait place, durant tout le reste de l'année, à d'autres produits analogues et particulièrement au maïs-fourrage.

Mais ces premiers avantages n'ont pas suffi et on a dû

chercher à y ajouter encore, par une autre plante, un autre trèfle, tout aussi facile que la première à l'égard des travaux et de la nature de la terre; mais infiniment supérieure par sa durée, par la qualité et la quantité de ses produits, par son action sur la terre, par son influence salutaire et directe sur les céréales qui la suivent.

A l'égard de cette dernière, deux circonstances surtout ont contribué à garantir son action réformatrice sur notre système de culture : l'une est un inconvénient grave, l'autre est un avantage précieux, bien que tout-à-fait en désaccord avec ce système : elle ne peut revenir sur la même terre qu'après des intervalles que ne saurait comporter la rotation biennale : elle admet une durée qui peut aller bien souvent beaucoup au-delà du cadre étroit de cette même rotation.

Certes, si elle eût été moins précieuse, il y eût eu là deux motifs suffisants pour la faire repousser; mais sa haute valeur, sous tous les autres rapports, a fait passer par dessus tout cela : on l'a admise avec empressement, on l'admet encore tous les jours, partout où elle pénètre elle s'établit :

> Laissez *lui* prendre un pied chez vous,
> *Elle* en aura bientôt pris quatre.

et ne pouvant la faire ployer aux règles étroites du système biennal, c'est ce système lui-même que l'on attaque, que l'on altère, que l'on modifie, que l'on cherche à concilier avec ses exigences.

C'est de ce point que sont partis; c'est sous cette influence que se sont successivement développés tous les systèmes de cultures que l'on a cherché à substituer à celui qui nous était traditionnel. C'est ce motif; ce sont ces facilités, qu'il faut assigner pour causes et pour bases à toutes les formules d'assolements, plus ou moins réguliers, qui ont pu être pratiqués dans notre région.

Nous ne nous astreindrons pas à citer avec détails toutes ces formules; il y aurait là matière à un travail des plus intéressants sans doute, mais que nous ne pouvons présenter là et pour lequel depuis plusieurs années et avec le plus grand soin nous recueillons des matériaux (1). Disons seulement que, sous ce rapport capital, un progrès véritable s'est manifesté, surtout depuis que, prenant pour règles les lois de la nature et les autres exigences particulières à nos contrées, on a voulu, non faire la guerre à l'improductive jachère, comme on le disait autrefois, non substituer purement et simplement à l'agriculture du Midi l'agriculture du Nord, mais faire subir à cette première, sous l'influence des nécessités de l'époque, tout ce qui peut se concilier avec son origine, son caractère particulier, les tendances et les besoins de nos populations.

Disons aussi que ce progrès, c'est surtout et avant tout, dans l'augmentation des fourrages qu'il faut en constater la manifestation : résultat heureux, résultat fécond; car avec des fourrages on a des bestiaux; avec des bestiaux on a des engrais et avec des engrais, on a tout ce que l'on veut.

Comme œuvre d'ensemble, nous devons citer aussi le système proposé par M. Deseymeris et appliqué par lui depuis plusieurs années sur son domaine de *Miaille*, commune d'Escoussan, canton de Targon, arrondissement de La Réole. Notre intention n'est pas non plus de porter ici un jugement sur ce système; nous dirons seulement que le problème dont M. Deseymeris cherche la

---

(1) *L'Agriculture*, 1843, p. 377.— 1850, p. 199.— 1851, p. 228.

solution est tout-à-fait digne de l'attention et de l'intérêt des cultivateurs méridionaux.

Effectivement, reconnaissant que le blé est la partie essentielle du revenu de nos terres et voulant leur assurer cet emploi tous les deux ans, conformément à l'ancien système, M. Deseymeris a cherché à utiliser tout le repos que leur laisserait ce genre d'affectation par la production de plusieurs générations successives de plantes que l'on coupe en vert, qui font un bon fourrage, qui n'épuisent pas le sol et qui permettent de donner à cette terre, toutes les façons qu'elle aurait reçues durant une jachère; c'est-à-dire deux labours avant l'Été, et, dans le cours de cette dernière saison, autant de labours et de hersages qu'il peut être utile d'en donner pour extirper complètement toutes sortes de mauvaises herbes (1).

Nous devons parler aussi de cette autre modification de la rotation biennale à laquelle on a donné le nom de *tiercement* et qui constitue un véritable assolement de trois ans, ainsi disposé : 1.e année, culture sarclée; 2.e année, blé; 3.e année, fourrages, tels que trèfle, sainfoin, etc... Excellente pour des terres d'une haute fertilité, qui comportent des plantes sarclées telles que le tabac, le colza, le chanvre, etc..., cette rotation n'a pu réussir ailleurs : elle n'assure pas assez de litière, pas assez d'engrais : elle est trop restreinte pour pouvoir admettre aussi souvent que le cas l'exigerait et conserver aussi longtemps qu'il pourrait y avoir profit à le faire, des plantes comme le trèfle particulièrement.

Au reste, c'est surtout en fait de système de culture qu'il est difficile de poser des règles fixes, qu'il est dangereux de vouloir les suivre. Combien d'agriculteurs

---

(1) *L'Agriculture*, 1845, p. 179.—1846, p. 139.—1847, p. 8, p. 481.

méridionaux ont été ruinés par cette déplorable manie; combien ont vu se dissiper dans leurs mains les avantages que leur avait départis la fortune; combien ont réalisé la prédiction que le Nestor de notre agriculture, l'honorable comte Louis de Villeneuve, mort récemment, avait formulée en ces termes :

D'un assolement pur, malheureuse victime,
Il lègue à ses enfants la faim pour légitime.

Pour la contrée que nous habitons, plus que pour nulle autre au monde, à cause des variations incessantes de notre climat, des natures si diverses et si opposées de nos terres, etc., etc., il est surtout raisonnable et sage de répéter avec l'une des lumières de la société nationale et centrale de Paris, feu Morel de Vindé :

LES CIRCONSTANCES FONT LES ASSOLEMENTS.

---

§ V.

Améliorations dues à différentes causes plus ou moins étrangères à l'agriculture.

L'agriculture ayant des rapports plus ou moins directs avec une infinité de choses et de faits qui semblent lui être étrangers, c'est ici surtout que nous pourrions entrer dans de nombreux détails, pour prouver l'influence que ces choses et ces faits peuvent exercer sur elle; pour citer les avantages, les progrès qu'elle peut leur devoir. Mais également, c'est ici surtout que nous devons poser des bornes à notre travail, dans la double crainte, et de lui donner trop d'étendue, et de répéter ce que nous avons déjà dit l'année dernière (1).

(1) Dans notre *Tableau général de l'agriculture de la Gironde*, etc.

Alors, effectivement, nous parlâmes longuement des institutions diverses, soit purement agricoles, soit en dehors de cette spécialité, qui avaient pu agir sur le bien de l'agriculture. Nous mentionnâmes l'instruction primaire, les sociétés et comices agricoles, l'enseignement de cette spécialité, l'inspection, la presse agricole, le dépôt de remontes, etc..., etc.., en ce moment, nous ne saurions que renvoyer à ces précédents détails, nous réservant seulement la faculté d'insister de nouveau sur un seul de ces faits, sur celui auquel il faut attribuer sans contredit une des parts les plus larges et les plus heureuses dans le mouvement de progrès que nous signalons, sur la vicinalité.

Les documents sont là, pour attester combien a été grand et rapide le mouvement imprimé par l'administration, tant supérieure que locale, à l'amélioration des routes anciennes, à l'établissement des routes nouvelles; pour démontrer combien ont été considérables les fonds affectés à ce genre d'emploi. Mais aussi les faits sont là, les résultats sont nombreux et décisifs, pour démontrer combien sont grands les profits que l'agriculture a retiré de tous ces efforts, de tous ces sacrifices, pour démontrer les facilités, les plus-values énormes qu'elle leur doit.

Forcé de nous borner à un petit nombre d'exemples, nous les emprunterons d'abord à une localité du département qui avait été la plus délaissée, que la nature argileuse de ses terres rendait la plus inabordable en toutes saisons et de laquelle on disait proverbialement et pour prouver combien il était difficile de lutter contre les boues qui en défendaient l'accès : *N'est pas bon soldat celui qui n'est pas pas passé par Sauveterre!* Eh bien, aujourd'hui et déjà depuis longtemps, Sauveterre est un centre vers lequel convergent une multitude de routes.

reliant ensemble tous les autres points principaux de la Benauge et portant partout le mouvement, l'activité et la vie. Avant cet heureux changement, pour rendre une pièce d'eau-de-vie à Bagas ou à Labarthe, ports les plus rapprochés sur le Drot, on payait 10 fr.; aujourd'hui 2 fr. seulement. Le blé, sur le marché de ce chef-lieu de canton, était toujours payé, par les acheteurs de La Réole, 2 francs de moins par hectolitre, pour tenir lieu du transport; aujourd'hui cette différence n'est plus que de 25 centimes!

Il est inutile de faire remarquer sans doute que la valeur foncière de la terre a acquis dans la même proportion que le revenu qu'on en obtient.

Sur la rive opposée, dans une contrée non moins délaissée, voici quel a été l'effet d'un chemin de fer, celui de Bordeaux à La Teste : « L'expérience a démontré que la valeur des landes incultes, d'un prix de 15 à 60 fr. l'hectare au plus, peut s'élever, aux approches d'une voie de transport comme celle du chemin de fer, à 600, 900, 1,200 et même jusqu'à 1,500 fr. l'hectare, par le défrichement et le semis de pins dans les endroits qui paraissent les plus arides; ailleurs par des cultures diverses, ou des prairies dans les parties assez fraîches pour en créer (1) ».

CONCLUSION.

S'il était pour l'agriculture un type unique, en dehors duquel il n'y eut plus qu'ignorance et routine, erreur et déception et si ce type, comme trop de personnes sont disposées à le croire, devait être pris dans telle ou telle contrée à l'exclusion de toutes les autres, évidemment

(1) Compte-rendu aux actionnaires du chemin de fer.

notre département serait encore bien arriéré, et ses progrès des dix dernières années seraient loin de présenter la valeur que nous leur avons attribuée.

Heureusement, il n'en est pas ainsi. Les principes sur lesquels repose la science, les règles qui servent de bases à l'art, sont bien partout les mêmes, alors qu'on les envisage d'une manière absolue et abstraction faite de toute application; mais quand vient cette application, quand se manifestent, sous l'empire des circonstances, les exigences qu'elle entraîne après elle, alors tout cela se modifie et pour chaque contrée, pour chaque région donnée, s'établit une agriculture assez précise dans ses détails, assez distincte dans son ensemble, pour qu'on puisse lui donner une qualification particulière. Ainsi on dit, l'agriculture du Nord, l'agriculture du Midi.

Or, pour cette dernière agriculture, pour l'agriculture méridionale, on comprend que les moyens de progrès ne sauraient être une déviation progressive du caractère qui lui est propre, une adoption plus ou moins complète des méthodes, des usages, des pratiques particulières à l'agriculture d'une autre région. On comprend que ses progrès doivent se ressentir aussi de la distinction établie, et que pour apprécier la valeur et l'importance de ces derniers, il faut les juger autrement que par comparaison avec ce qui se fait ailleurs, avec ce qui a pu être fait ailleurs.

En procédant ainsi, nous arriverons à conclure que l'agriculture méridionale, et, comme dépendant de cette dernière, l'agriculture du bassin de la Garonne, l'agriculture du département de la Gironde, a remarquablement gagné durant les dix dernières années écoulées. Nous arriverons à reconnaître que les améliorations qu'elle a subies peuvent d'une manière générale être ainsi résumées :

1.° On a reconnu, par l'observation et par des expériences qui ont souvent été chères malheureusement, que *l'imitation pure et simple* de ce qui se fait ailleurs, ne pouvait constituer un moyen de progrès;

2.° On a reconnu que ce progrès devait avoir pour bases ce que la tradition, le climat, les usages et les besoins particuliers avaient déjà établis dans le pays;

3.° On a reconnu qu'il n'était, comme moyen général d'améliorer tout cela, rien de plus puissant, rien de plus facile que ce qui pousse directement au développement des plantes, à la réalisation des produits de la terre. On a cherché à avoir des fourrages, parce que avec des fourrages, comme nous l'avons dit, on a des bestiaux; avec des bestiaux des engrais et avec des engrais tout ce qu'on veut.

4.° On a reconnu enfin que toutes les autres dépendances du système suivi, que tous ses autres détails, pour aussi nombreux qu'ils fussent : travaux, instruments, plantes, animaux, etc..., etc..., étaient dominés par cette première et puissante considération et que pour eux également le progrès possible, le progrès utile, consistait à favoriser cette première tendance, à ajouter de plus en plus au moyen de sa réalisation.

Tels sont, MESSIEURS, les résultats généraux du temps, des circonstances, des évènements, des choses, des administrations et des hommes.

Heureux si, dans ces causes puissantes, nos travaux, notre zèle, notre dévouement pouvaient aussi être comptés pour quelque chose?

Bordeaux, le 18 Juillet, 1851.

BORDEAUX.— IMPRIMERIE DE TH. LAFARGUE, LIBRAIRE,
RUE PUITS DE BAGNE-CAP, 8.

www.ingramcontent.com/pod-product-compliance
Ingram Content Group UK Ltd.
Pitfield, Milton Keynes, MK11 3LW, UK
UKHW021017180726
13838UKWH00004B/1563